Realschule Bayern

Formelsammlung
Mathematik
Physik
Chemie

Cornelsen

Mathematik

Wichtiger Hinweis:
Die vorliegende Merkhilfe stellt wichtige Zusammenhänge dar, sie ist aber keine ausführliche Formelsammlung. In der Regel werden Bezeichnungen nicht erklärt, Variablen nicht näher definiert und die Voraussetzungen für die Gültigkeit der Formeln nicht dargestellt.

Physik

E F G H I J

Chemie

K

A

TERME UND GLEICHUNGEN

Potenzen

$a^0 = 1$ für $a \neq 0$

$a^n \cdot a^m = a^{n+m}$ $\quad \frac{a^n}{a^m} = a^{n-m}$ $\quad (a^n)^m = a^{n \cdot m}$

$a^1 = a$

$a^n \cdot b^n = (a \cdot b)^n$ $\quad \frac{a^n}{b^n} = \left(\frac{a}{b}\right)^n$ $\quad a^{-n} = \frac{1}{a^n}$

Wurzeln

$\sqrt{a^2} = |a|$ $\quad \sqrt{a} = a^{\frac{1}{2}}$ $\quad \sqrt[n]{a} = a^{\frac{1}{n}}$

$\sqrt{a} \cdot \sqrt{b} = \sqrt{a \cdot b}$ $\quad \frac{\sqrt{a}}{\sqrt{b}} = \sqrt{\frac{a}{b}}$ $\quad (\sqrt{a})^n = \sqrt{a^n}$

Logarithmen

$a^x = b \Leftrightarrow \log_a b = x$ $\quad a^{\log_a b} = b$ $\quad \log_a b = \frac{\log_c b}{\log_c a}$

$\log_a (b \cdot c) = \log_a b + \log_a c$ $\quad \log_a \left(\frac{b}{c}\right) = \log_a b - \log_a c$ $\quad \log_a (b^k) = k \cdot \log_a b$

Quadratische Gleichungen

$a \cdot x^2 + b \cdot x + c = 0$ $\quad D = b^2 - 4 \cdot a \cdot c$ $\quad x_{1/2} = \frac{-b \pm \sqrt{D}}{2 \cdot a}$

$D < 0$ keine Lösung; $\quad D = 0$ eine Lösung; $\quad D > 0$ zwei Lösungen

Binomische Formeln

$(a + b)^2 = a^2 + 2 \cdot a \cdot b + b^2$

$(a - b)^2 = a^2 - 2 \cdot a \cdot b + b^2$

$(a + b) \cdot (a - b) = a^2 - b^2$

FUNKTIONEN

Lineare Funktionen

$y = m \cdot x + t$

$m = \frac{y_Q - y_P}{x_Q - x_P}$ $\quad m = \tan\alpha$

Steigung

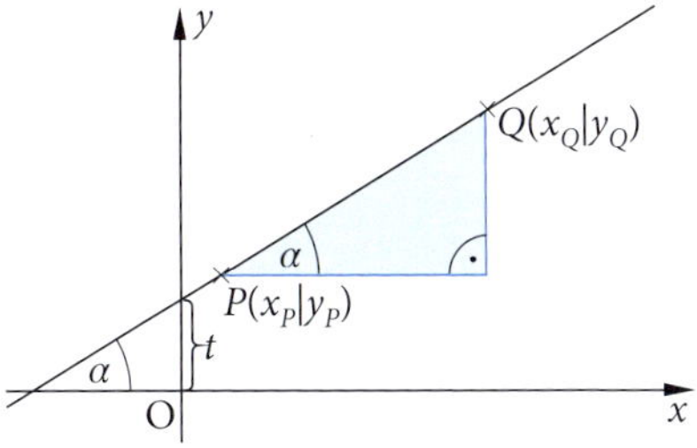

$m_g = m_h \Leftrightarrow g \parallel h$

parallele Geraden

$m_g \cdot m_h = -1 \Leftrightarrow g \perp h$

orthogonale Geraden

Quadratische Funktionen

$y = a \cdot x^2 + b \cdot x + c$

allgemeine Form

$y = a \cdot (x - x_S)^2 + y_S$

Scheitelpunktsform

$S\left(\frac{-b}{2 \cdot a} \middle| c - \frac{b^2}{4 \cdot a}\right)$

Scheitelpunkt

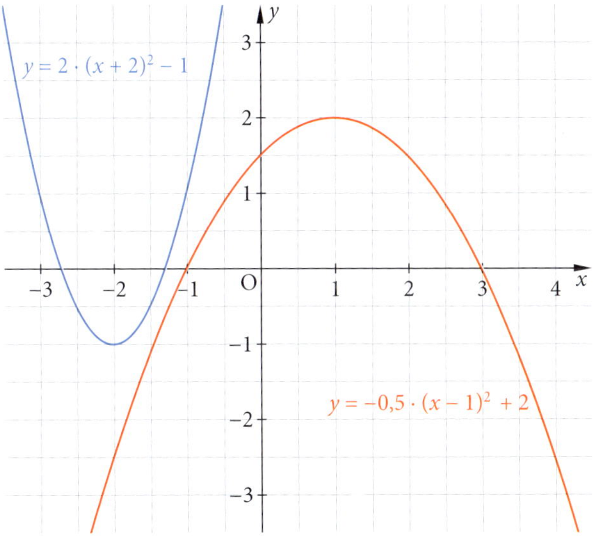

B

B

Potenzfunktionen

$y = x^n$

n gerade, ganzzahlig

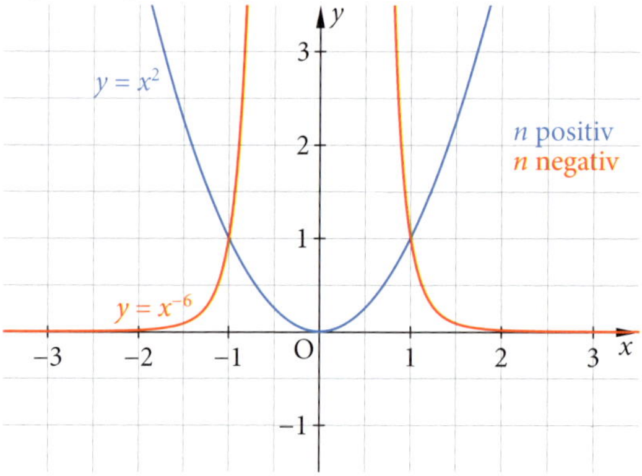

n ungerade, ganzzahlig

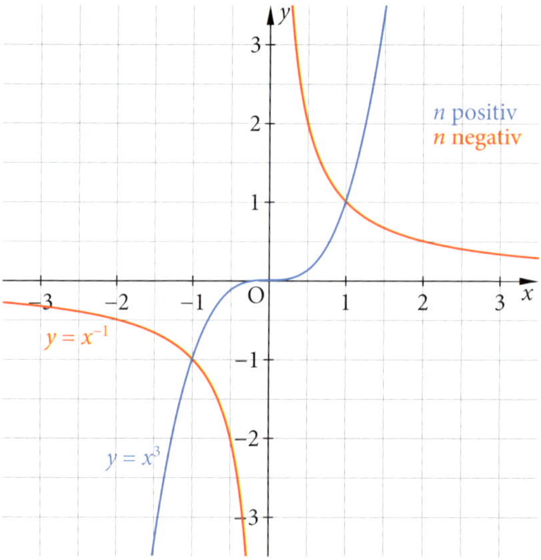

n rational, nicht ganzzahlig

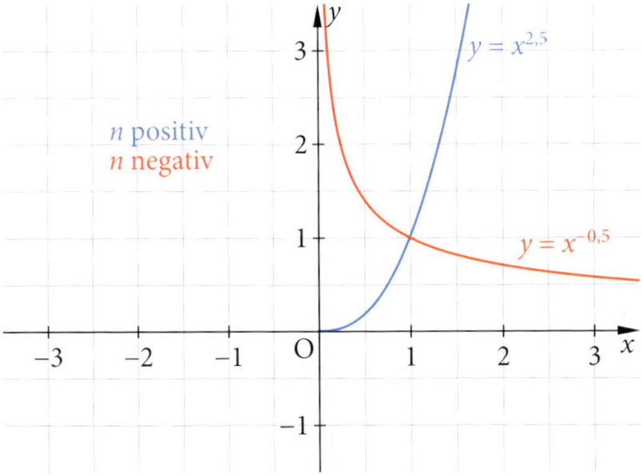

Exponentialfunktionen

$y = k \cdot a^{x-c} + d$

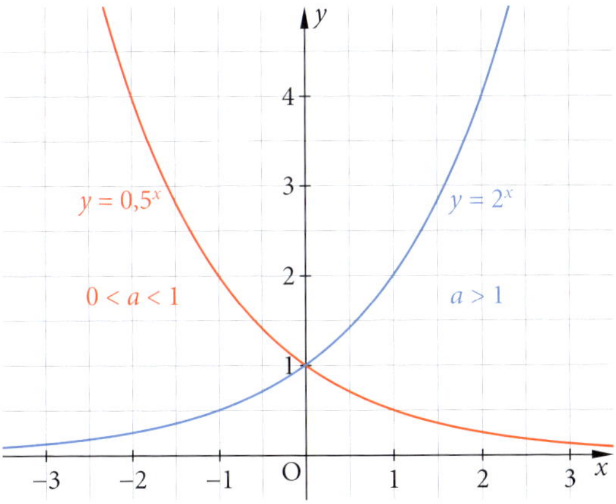

B

B

Logarithmusfunktionen

$y = k \cdot \log_a(x - c) + d$

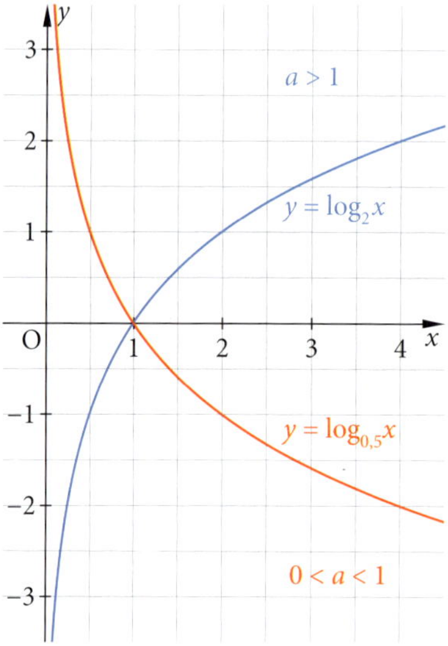

GEOMETRIE

Strahlensätze

$$\frac{|\overline{ZA}|}{|\overline{ZA'}|} = \frac{|\overline{ZB}|}{|\overline{ZB'}|}$$

$$\frac{|\overline{ZA}|}{|\overline{ZA'}|} = \frac{|\overline{AB}|}{|\overline{A'B'}|}$$

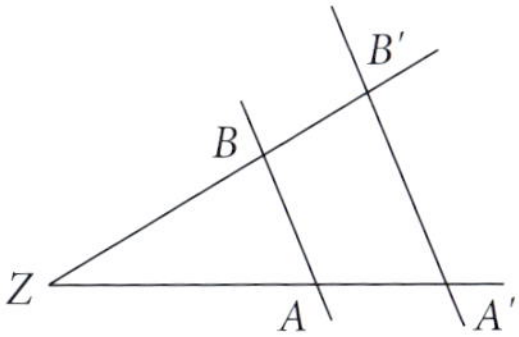

$AB \parallel A'B'$

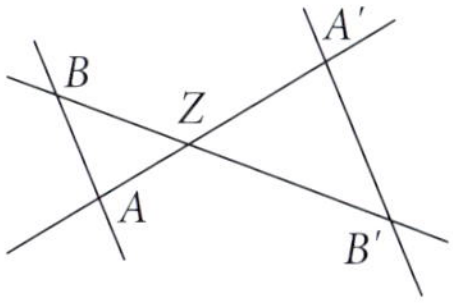

Rechtwinkliges Dreieck

$a^2 + b^2 = c^2$
Satz des Pythagoras

$A = 0{,}5 \cdot a \cdot b$

$\sin\alpha = \frac{a}{c}$ $\qquad \cos\alpha = \frac{b}{c}$ $\qquad \tan\alpha = \frac{a}{b}$

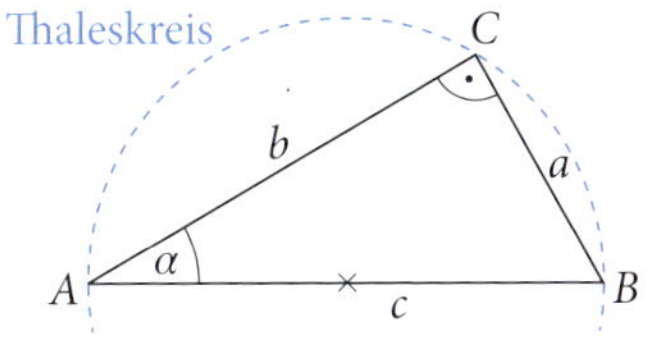

Gleichschenkliges Dreieck

Basis: $\overline{AB}$
Schenkel: $\overline{AC}, \overline{BC}$

$a = b$

$\alpha = \beta$

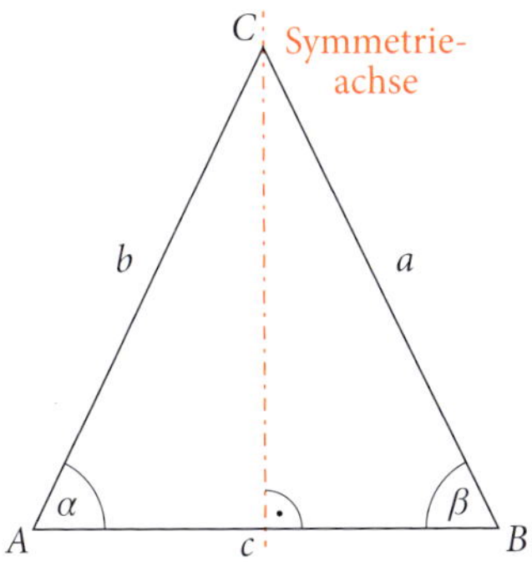

Gleichseitiges Dreieck

$a = b = c$

$\alpha = \beta = \gamma = 60°$

$h = \frac{a}{2} \cdot \sqrt{3}$

$A = \frac{a^2}{4} \cdot \sqrt{3}$

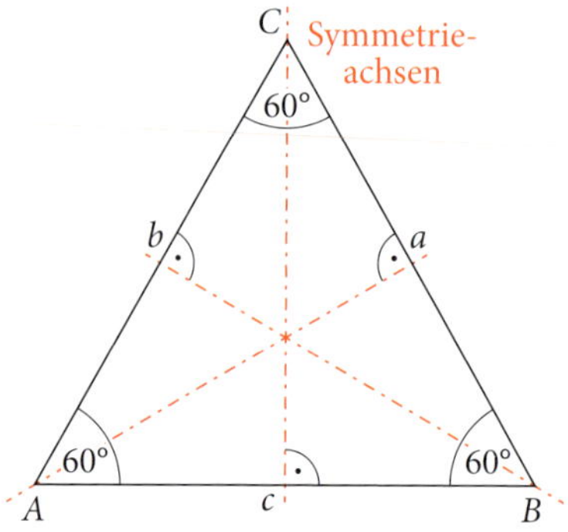

C

Allgemeines Dreieck

$\alpha + \beta + \gamma = 180°$

$A = \frac{1}{2} \cdot c \cdot h_c$

$A = \frac{1}{2} \cdot b \cdot c \cdot \sin\alpha$

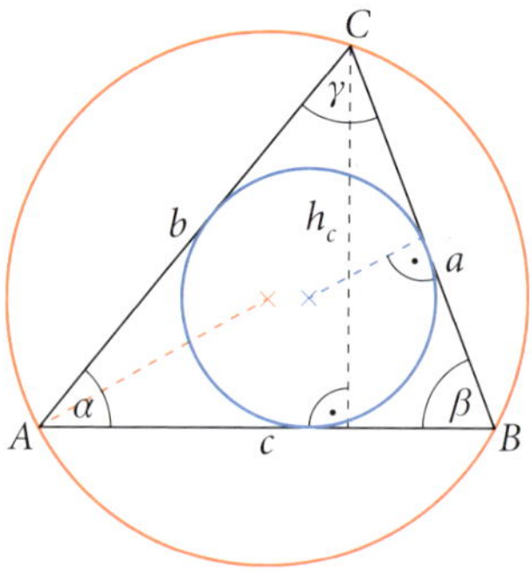

$\frac{a}{\sin\alpha} = \frac{b}{\sin\beta} = \frac{c}{\sin\gamma}$

Sinussatz

$a^2 = b^2 + c^2 - 2 \cdot b \cdot c \cdot \cos\alpha$

$\cos\alpha = \frac{b^2 + c^2 - a^2}{2 \cdot b \cdot c}$

Kosinussatz

Schnittpunkt der Mittelsenkrechten: Umkreismittelpunkt

Schnittpunkt der Winkelhalbierenden: Inkreismittelpunkt

Schnittpunkt der Seitenhalbierenden: Schwerpunkt

Besondere Vierecke

Raute

$a = b = c = d$
$\alpha = \gamma; \beta = \delta$

$A = \frac{1}{2} \cdot e \cdot f$

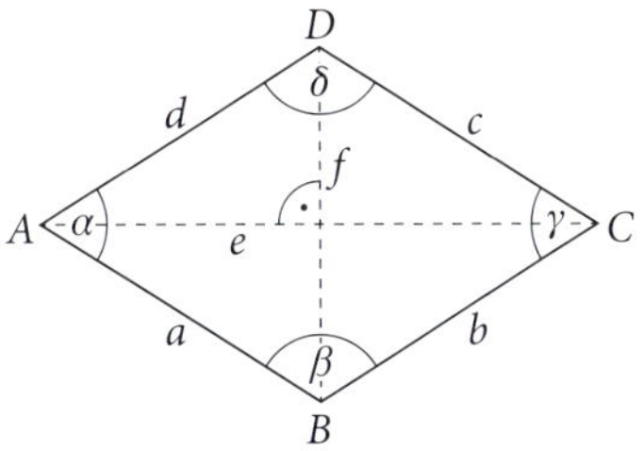

Drachenviereck

$a = d; b = c$
$\beta = \delta$

$A = \frac{1}{2} \cdot e \cdot f$

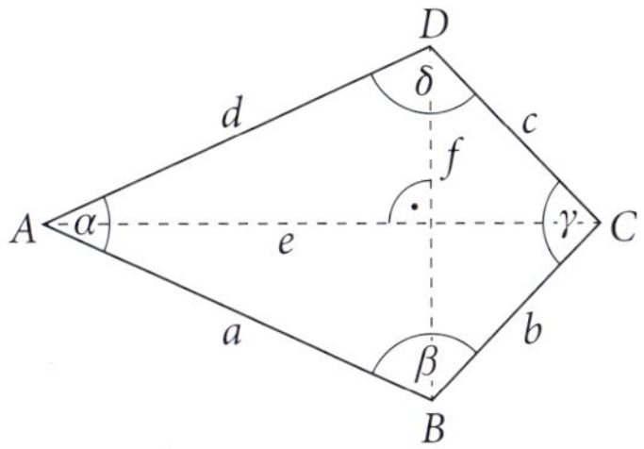

Trapez

$\overline{AB} \parallel \overline{CD}$

$A = \frac{1}{2} \cdot (a + c) \cdot h$

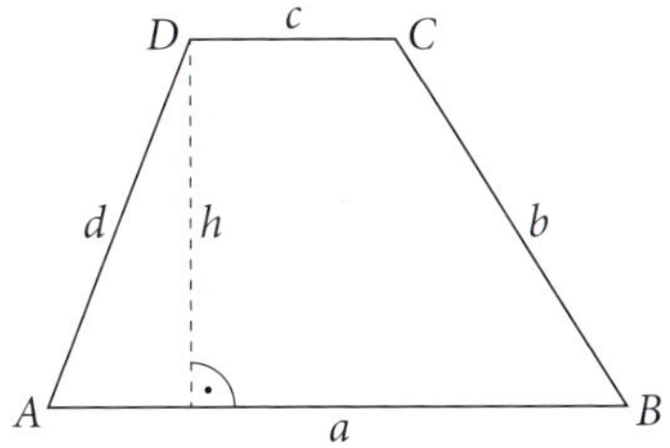

Parallelogramm

$a = c; b = d$

$\overline{AB} \parallel \overline{CD}; \overline{BC} \parallel \overline{AD}$

$\alpha = \gamma; \beta = \delta$

$A = a \cdot h$

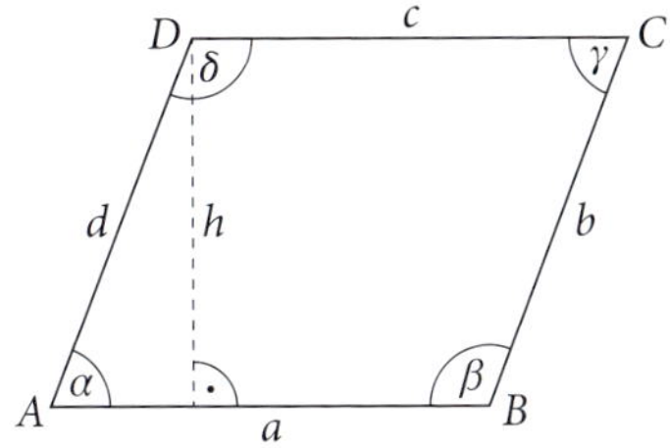

C

Kreis

$A = r^2 \cdot \pi$
Flächeninhalt

$u = 2 \cdot r \cdot \pi$
Umfang

$A = \frac{\alpha}{360°} \cdot r^2 \cdot \pi$
Flächeninhalt Kreissektor

$b = \frac{\alpha}{360°} \cdot 2 \cdot r \cdot \pi$
Länge Kreisbogen

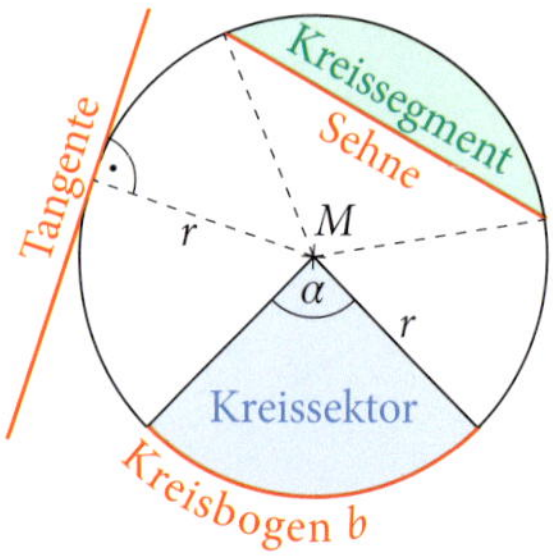

C

Besondere Körper

Prisma

$V = G \cdot h$

$M = u_G \cdot h$

$O = 2 \cdot G + M$

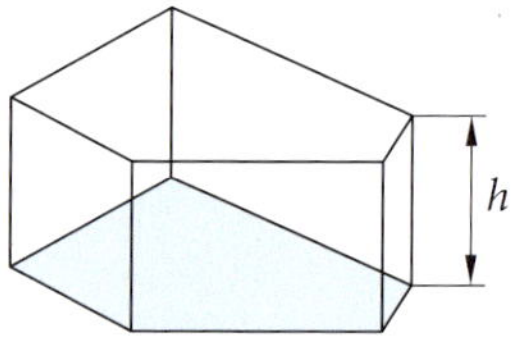

M: Inhalt der Mantelfläche
O: Inhalt der Oberfläche
V: Volumen
G: Inhalt der Grundfläche

Pyramide

$V = \frac{1}{3} \cdot G \cdot h$

$O = G + M$

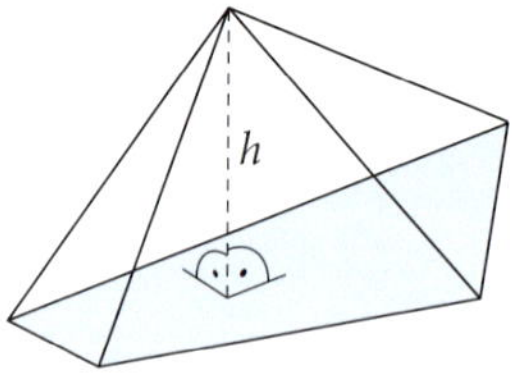

Gerader Kreiszylinder

$V = r^2 \cdot \pi \cdot h$

$M = 2 \cdot r \cdot \pi \cdot h$

$O = 2 \cdot r \cdot \pi \cdot (r + h)$

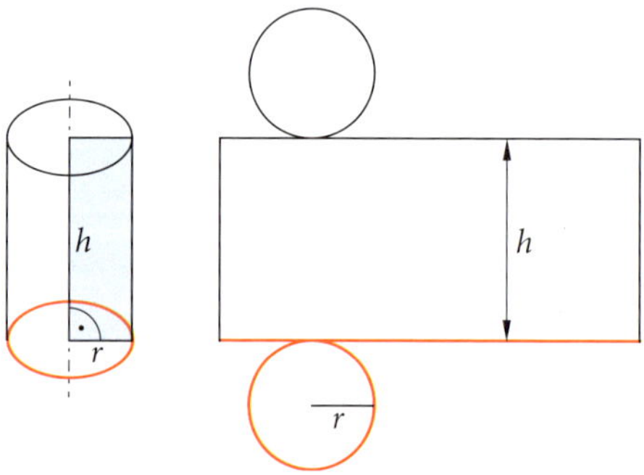

Gerader Kreiskegel

$V = \frac{1}{3} \cdot r^2 \cdot \pi \cdot h$

$M = r \cdot \pi \cdot s$

$O = r \cdot \pi \cdot (r + s)$

$\alpha = 360° \cdot \frac{r}{s}$
Mittelpunktswinkel der Mantelfläche

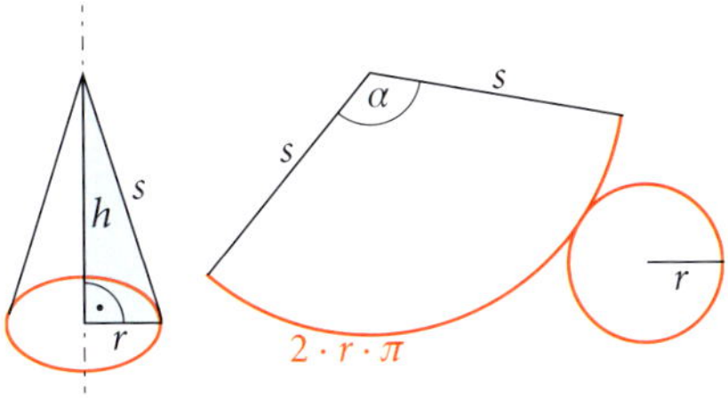

Kugel

$V = \frac{4}{3} \cdot r^3 \cdot \pi$

$O = 4 \cdot r^2 \cdot \pi$

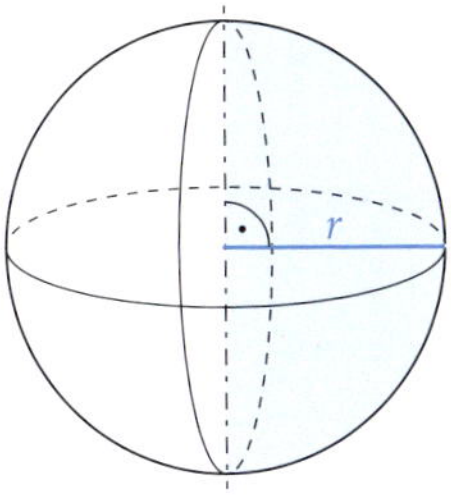

C

Einheitskreis

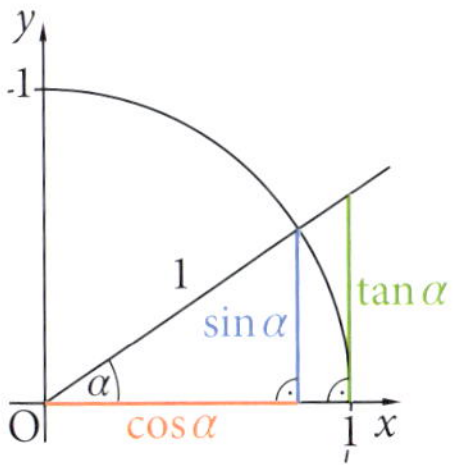

sin, cos, tan für besondere Winkelmaße

α	0°	30°	45°	60°	90°	180°	270°	360°
$\sin\alpha$	0	$\frac{1}{2}$	$\frac{1}{2}\sqrt{2}$	$\frac{1}{2}\sqrt{3}$	1	0	−1	0
$\cos\alpha$	1	$\frac{1}{2}\sqrt{3}$	$\frac{1}{2}\sqrt{2}$	$\frac{1}{2}$	0	−1	0	1
$\tan\alpha$	0	$\frac{1}{3}\sqrt{3}$	1	$\sqrt{3}$	nicht definiert	0	nicht definiert	0

Auswahl trigonometrischer Formeln

C

Beziehungen zwischen Sinus, Kosinus und Tangens

$\sin^2\alpha + \cos^2\alpha = 1$

$\tan\alpha = \frac{\sin\alpha}{\cos\alpha}$

Negative Winkelmaße

$\sin(-\alpha) = -\sin\alpha$

$\cos(-\alpha) = \cos\alpha$

$\tan(-\alpha) = -\tan\alpha$

Supplementbeziehungen

$\sin(180° - \alpha) = \sin\alpha$
$\cos(180° - \alpha) = -\cos\alpha$
$\tan(180° - \alpha) = -\tan\alpha$

$\sin(180° + \alpha) = -\sin\alpha$
$\cos(180° + \alpha) = -\cos\alpha$
$\tan(180° + \alpha) = \tan\alpha$

$\sin(360° - \alpha) = -\sin\alpha$
$\cos(360° - \alpha) = \cos\alpha$
$\tan(360° - \alpha) = -\tan\alpha$

Komplementbeziehungen für Sinus und Kosinus

$\sin(90° - \alpha) = \cos\alpha$

$\cos(90° - \alpha) = \sin\alpha$

Additionstheoreme für Sinus und Kosinus

$\sin(\alpha + \beta) = \sin\alpha \cdot \cos\beta + \cos\alpha \cdot \sin\beta$
$\sin(\alpha - \beta) = \sin\alpha \cdot \cos\beta - \cos\alpha \cdot \sin\beta$

$\cos(\alpha + \beta) = \cos\alpha \cdot \cos\beta - \sin\alpha \cdot \sin\beta$
$\cos(\alpha - \beta) = \cos\alpha \cdot \cos\beta + \sin\alpha \cdot \sin\beta$

Geometrie im Koordinatensystem

$M\left(\frac{x_A + x_B}{2} \middle| \frac{y_A + y_B}{2}\right)$

Mittelpunkt einer Strecke

$S\left(\frac{x_A + x_B + x_C}{3} \middle| \frac{y_A + y_B + y_C}{3}\right)$

Schwerpunkt eines Dreiecks

$|\overline{AB}| = \sqrt{(x_B - x_A)^2 + (y_B - y_A)^2}$ LE

Länge einer Strecke

$|\vec{u}| = \sqrt{x_u{}^2 + y_u{}^2}$

Betrag eines Vektors

$\vec{u} \odot \vec{v} = \begin{pmatrix} x_u \\ y_u \end{pmatrix} \odot \begin{pmatrix} x_v \\ y_v \end{pmatrix} = x_u \cdot x_v + y_u \cdot y_v$

Skalarprodukt

$\vec{u} \perp \vec{v} \quad \Leftrightarrow \quad \vec{u} \odot \vec{v} = 0$

Senkrechte Vektoren

$\cos\varphi = \frac{\vec{u} \odot \vec{v}}{|\vec{u}| \cdot |\vec{v}|}$

Winkel zwischen Vektoren

$A = \frac{1}{2} \cdot \begin{vmatrix} x_u & x_v \\ y_u & y_v \end{vmatrix}$ FE $= \frac{1}{2} \cdot (x_u \cdot y_v - x_v \cdot y_u)$ FE

Flächeninhalt eines Dreiecks

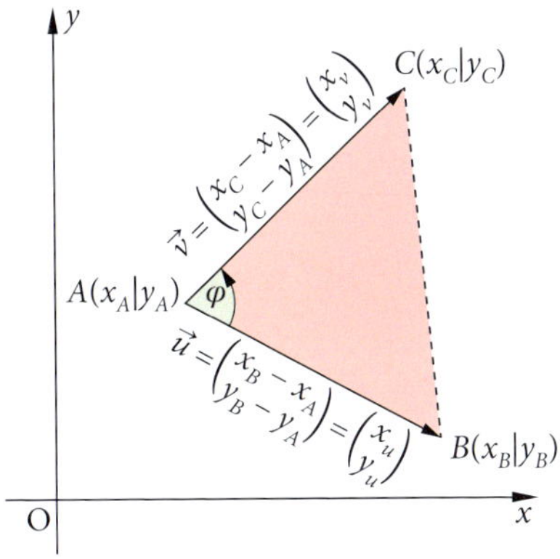

C

Abbildungen im Koordinatensystem

Parallelverschiebung

$$\begin{pmatrix} x' \\ y' \end{pmatrix} = \begin{pmatrix} x \\ y \end{pmatrix} \oplus \begin{pmatrix} x_v \\ y_v \end{pmatrix}$$

Verschiebungsvektor $\vec{v}$

Zentrische Streckung mit dem Zentrum Z(0|0)

$$\begin{pmatrix} x' \\ y' \end{pmatrix} = k \cdot \begin{pmatrix} x \\ y \end{pmatrix}$$

C

Streckungsfaktor k

Achsenspiegelung an einer Ursprungsgeraden

$$\begin{pmatrix} x' \\ y' \end{pmatrix} = \begin{pmatrix} \cos(2 \cdot \alpha) & \sin(2 \cdot \alpha) \\ \sin(2 \cdot \alpha) & -\cos(2 \cdot \alpha) \end{pmatrix} \odot \begin{pmatrix} x \\ y \end{pmatrix}$$

α: Winkel, den die Spiegelachse mit der x-Achse einschließt

Drehung um den Ursprung

$$\begin{pmatrix} x' \\ y' \end{pmatrix} = \begin{pmatrix} \cos\alpha & -\sin\alpha \\ \sin\alpha & \cos\alpha \end{pmatrix} \odot \begin{pmatrix} x \\ y \end{pmatrix}$$

α: Drehwinkel

Multiplikation einer Matrix mit einem Vektor

$$\begin{pmatrix} a & c \\ b & d \end{pmatrix} \odot \begin{pmatrix} x \\ y \end{pmatrix} = \begin{pmatrix} a \cdot x + c \cdot y \\ b \cdot x + d \cdot y \end{pmatrix}$$

Dreidimensionales Koordinatensystem

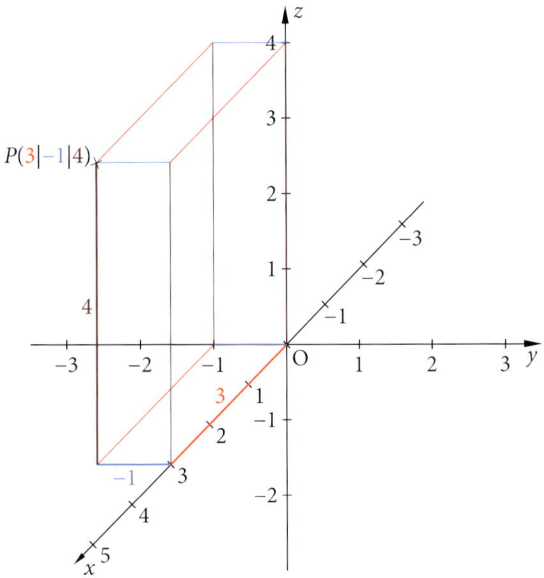

WAHRSCHEINLICHKEITEN

Laplace-Wahrscheinlichkeit

$$\text{Laplace-Wahrscheinlichkeit} = \frac{\text{Anzahl der günstigen Fälle}}{\text{Anzahl der möglichen Fälle}}$$

Mehrstufige Zufallsexperimente

1. Pfadregel (Produktregel)

z. B.: $P(r\,o) = P(r) \cdot P(o)$

2. Pfadregel (Summenregel)

z. B.: $P(r\,w, b\,o) = P(r\,w) + P(b\,o)$
$P(r\,o, g\,w, g\,o) = P(r\,o) + P(g\,w) + P(g\,o)$

D

Baumdiagramm

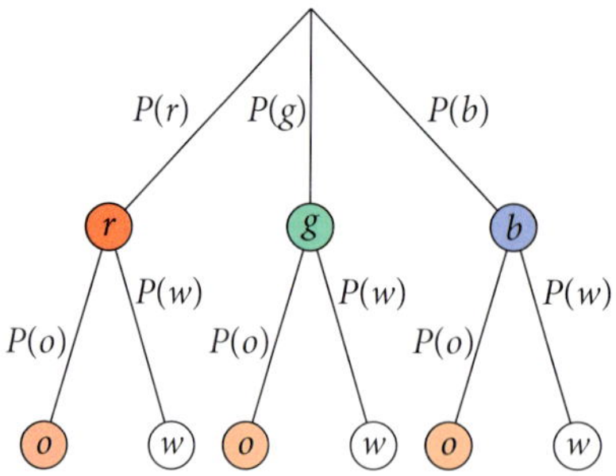

GRUNDGRÖSSEN

Größensymbole und Maßeinheiten

E

F

ℓ Länge
$[\ell] = 1\,\text{m}$

m Masse
$[m] = 1\,\text{kg}$

ϑ Temperatur
$[\vartheta] = 1\,°\text{C}$

$\Delta T = \Delta\vartheta$ Temperaturdifferenz
$[\Delta T] = 1\,\text{K}$ entspricht $[\Delta\vartheta] = 1\,°\text{C}$

t Zeit
$[t] = 1\,\text{s}$

F Kraft
$[F] = 1\,\text{N}$

T absolute Temperatur
$[T] = 1\,\text{K}$

Q elektrische Ladungsmenge
$[Q] = 1\,\text{C}$

MECHANIK

Ortsfaktor

$$g = \frac{F_G}{m}$$

$$[g] = 1\,\frac{\text{N}}{\text{kg}}$$

$$g = 9{,}81\,\frac{\text{N}}{\text{kg}}$$

Erde, Normort

auch: $g = 9{,}81\,\frac{\text{m}}{\text{s}^2}$

g: Ortsfaktor
F_G: Gewichtskraft
m: Masse

Dichte

$$\rho = \frac{m}{V}$$

$$[\rho] = 1\,\frac{\text{kg}}{\text{m}^3}$$

ρ: Dichte
m: Masse
V: Volumen

F

mechanische Arbeit

$W = F \cdot s$

$[W] = 1\,\mathrm{Nm} = 1\,\mathrm{J} = 1\,\frac{\mathrm{kg} \cdot \mathrm{m}^2}{\mathrm{s}^2} = 1\,\mathrm{Ws}$

W: mechanische Arbeit
F: Kraft
s: Weg

Gesetz von Hooke

$F = D \cdot \Delta\ell$

F: Kraft
D: Federkonstante
$\Delta\ell$: Längenänderung der Feder

Leistung

$P = \frac{W}{t}$

$[P] = 1\,\frac{\mathrm{J}}{\mathrm{s}} = 1\,\mathrm{W}$

P: Leistung
W: Arbeit
t: Zeit

Hubarbeit

$W_{\mathrm{Hub}} = F_{\mathrm{G}} \cdot h$

$W_{\mathrm{Hub}} = m \cdot g \cdot h$

W_{Hub}: Hubarbeit
F_{G}: Gewichtskraft
m: Masse
g: Ortsfaktor
h: Hubhöhe

potentielle Energie

$E_{\mathrm{pot}} = F_{\mathrm{G}} \cdot h$

$E_{\mathrm{pot}} = m \cdot g \cdot h$

$[E] = 1\,\mathrm{J}$

E_{pot}: potentielle Energie
F_{G}: Gewichtskraft
m: Masse
g: Ortsfaktor
h: Hubhöhe

Wirkungsgrad

$\eta = \frac{W_{nutz}}{W_{zu}}$

$\eta = \frac{P_{nutz}}{P_{zu}}$

η: Wirkungsgrad
W_{nutz}: Nutzarbeit
W_{zu}: zugeführte Arbeit
P_{nutz}: Nutzleistung
P_{zu}: zugeführte Leistung

Druck

$p = \frac{F}{A}$

$[p] = 1\,\frac{\mathrm{N}}{\mathrm{m}^2} = 1\ \mathrm{Pa}$

p: Druck
F: Kraft
A: Fläche

Schweredruck in Flüssigkeiten

$p_\mathrm{S} = \rho_\mathrm{Fl} \cdot g \cdot h$

p_S: Schweredruck
ρ_Fl: Dichte der Flüssigkeit
g: Ortsfaktor
h: Eintauchtiefe

Auftriebskraft

$F_\mathrm{A} = \rho \cdot g \cdot V$

F_A: Auftriebskraft
ρ: Dichte der Flüssigkeit/des Gases
g: Ortsfaktor
V: Volumen der verdrängten Flüssigkeit/des verdrängten Gases

gleichförmige Bewegung (F = 0 N)

$v = \frac{\Delta s}{\Delta t}$

$[v] = 1\,\frac{\mathrm{m}}{\mathrm{s}}$

v: Geschwindigkeit
Δs: zurückgelegter Weg
Δt: benötigte Zeit

F

gleichmäßig beschleunigte Bewegung (F = const.)

$a = \frac{\Delta v}{\Delta t}$

$[a] = 1\,\frac{\text{m}}{\text{s}^2}$

a: Beschleunigung
Δv: Geschwindigkeitsänderung
Δt: benötigte Zeit

$s = \frac{1}{2} \cdot a \cdot t^2$

s: zurückgelegter Weg
a: Beschleunigung
t: benötigte Zeit

Grundgleichung der Mechanik

$F = m \cdot a$

$[F] = 1\,\text{kg} \cdot \frac{\text{m}}{\text{s}^2} = 1\,\text{N}$

F: Kraft
m: Masse
a: Beschleunigung

kinetische Energie

$E_{\text{kin}} = \frac{1}{2} \cdot m \cdot v^2$

$[E_{\text{kin}}] = 1\,\text{kg} \cdot \frac{\text{m}^2}{\text{s}^2} = 1\,\text{J}$

E_{kin}: kinetische Energie
m: Masse
v: Geschwindigkeit

Impuls

$p = m \cdot v$

$[p] = 1\,\text{kg} \cdot \frac{\text{m}}{\text{s}} = 1\,\text{N} \cdot \text{s}$

p: Impuls
m: Masse
v: Geschwindigkeit

WÄRMELEHRE

Gesetz von Boyle-Mariotte

Sonderfall für eine isotherme Zustandsänderung

$$p_1 \cdot V_1 = p_2 \cdot V_2$$

p_1: Druck im Zustand 1
V_1: Volumen im Zustand 1
p_2: Druck im Zustand 2
V_2: Volumen im Zustand 2

G

Gesetz von Gay-Lussac

Sonderfall für eine isobare Zustandsänderung

$$\frac{V_1}{T_1} = \frac{V_2}{T_2}$$

V_1: Volumen im Zustand 1
T_1: absolute Temperatur im Zustand 1
V_2: Volumen im Zustand 2
T_2: absolute Temperatur im Zustand 2

Zustandsgleichung idealer Gase

$$\frac{p_1 \cdot V_1}{T_1} = \frac{p_2 \cdot V_2}{T_2}$$

$p_{1/2}$: Druck im Zustand 1/2
$V_{1/2}$: Volumen im Zustand 1/2
$T_{1/2}$: absolute Temperatur im Zustand 1/2

Erwärmungsgesetz

$$W_{\text{th}} = c \cdot m \cdot \Delta\vartheta$$
$$W_{\text{th}} = c \cdot m \cdot \Delta T$$

W_{th}: Zugeführte oder abgegebene Wärme (Wärme: Größensymbol auch Q)
c: spezifische Wärmekapazität
m: Masse
$\Delta\vartheta = \Delta T$: Temperaturänderung

spezifische Schmelzwärme

$$w_s = \frac{W_{th_s}}{m}$$

$$[w_s] = 1\,\frac{\text{kJ}}{\text{kg}}$$

w_s: spezifische Schmelzwärme
W_{th_s}: Schmelzwärme
m: Masse

spezifische Verdampfungswärme

$$w_v = \frac{W_{th_v}}{m}$$

$$[w_v] = 1\,\frac{\text{kJ}}{\text{kg}}$$

w_v: spezifische Verdampfungswärme
W_{th_v}: Verdampfungswärme
m: Masse

G

Verbrennungswärme

$$W_{th} = H \cdot m$$

$$[H] = 1\,\frac{\text{MJ}}{\text{kg}}$$

H: Heizwert
W_{th}: Verbrennungswärme
m: Masse

ELEKTRIZITÄTSLEHRE

elektrische Stromstärke

$I = \frac{Q}{t}$

$[I] = 1\,\frac{\mathrm{C}}{\mathrm{s}} = 1\,\mathrm{A}$

I: Stromstärke
Q: Ladung
t: Zeit

elektrische Spannung

$U = \frac{W_{el}}{Q}$

$[U] = 1\,\frac{\mathrm{J}}{\mathrm{C}} = 1\,\mathrm{V}$

U: Spannung
W_{el}: elektrische Arbeit
Q: Ladung

elektrische Arbeit

$W_{el} = U \cdot I \cdot t$

$[W_{el}] = 1\,\mathrm{VAs} = 1\,\mathrm{J}$

W_{el}: elektrische Arbeit
U: Spannung
I: Stromstärke
t: Zeit

elektrische Leistung

$P_{el} = U \cdot I$

$[P_{el}] = 1\,\mathrm{VA} = 1\,\mathrm{W}$

P_{el}: elektrische Leistung
U: Spannung
I: Stromstärke

elektrischer Leitwert

$G = \frac{I}{U}$

$[G] = 1\,\frac{\mathrm{A}}{\mathrm{V}} = 1\,\mathrm{S}$

G: Leitwert
I: Stromstärke
U: Spannung

elektrischer Widerstand

$R = \frac{U}{I}$

$[R] = 1\,\frac{\mathrm{V}}{\mathrm{A}} = 1\,\Omega$

R: Widerstand
U: Spannung
I: Stromstärke

Widerstandsgesetz

$R = \rho \cdot \frac{\ell}{A}$

R: Widerstand
ρ: spezifischer Widerstand
ℓ: Länge des Leiters
A: Querschnittsfläche des Leiters

Thermische Leistung

$P_{\text{th}} = R \cdot I^2$
$[P_{th}] = 1\,\text{W}$

R: Widerstand
P_{th}: thermische Leistung
I: Stromstärke

unverzweigter Stromkreis

H

Reihenschaltung

$U_{\text{ges}} = U_1 + U_2 + \cdots$

$R_{\text{ges}} = R_1 + R_2 + \cdots$

$I_{\text{ges}} = I_1 = I_2 = \cdots$

Sonderfall für zwei Widerstände: $\frac{R_1}{R_2} = \frac{U_1}{U_2}$

verzweigter Stromkreis

Parallelschaltung

$U_{\text{ges}} = U_1 = U_2 = \cdots$

$\frac{1}{R_{\text{ges}}} = \frac{1}{R_1} + \frac{1}{R_2} + \cdots$

$I_{\text{ges}} = I_1 + I_2 + \ldots$

Sonderfall für zwei Widerstände: $\frac{R_1}{R_2} = \frac{I_2}{I_1}$

ATOM- UND KERNPHYSIK

Zerfallsgesetz

$N(t) = N_0 \cdot \left(\frac{1}{2}\right)^{\frac{t}{T}}$

$N(t)$: Anzahl der Atomkerne nach der Zeit t
N_0: Anzahl der Atomkerne zu Beginn
t: Zeit
T: Halbwertszeit

Aktivität

$A = \frac{n}{t}$

$[A] = \frac{1}{\text{s}} = 1\,\text{Bq}$

A: Aktivität
n: Anzahl der Zerfälle
t: Zeit

Energiedosis

$D = \frac{E}{m}$

$[D] = 1\,\frac{\text{J}}{\text{kg}} = 1\,\text{Gy}$

D: Energiedosis
E: Energie, die ein Körper aufnimmt
m: Masse des Körpers

I

Äquivalentdosis

$H = q \cdot D$

$[H] = 1\,\frac{\text{J}}{\text{kg}} = 1\,\text{Sv}$

H: Äquivalentdosis
q: Qualitätsfaktor
D: Energiedosis

SCHALTZEICHEN UND TABELLENWERTE

Schaltzeichen

Bezeichnung	Symbol
Anschluss	○
Spannungsversorgung („- quelle“): – allgemein – Wechselspannung – Gleichspannung	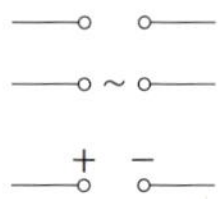
Batterie, Galvanisches Element	
Fotozelle (Fotoelement, Solarzelle)	
Solarmodul	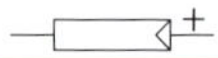
Erdung	
Generator	
Motor	
Zählrohr	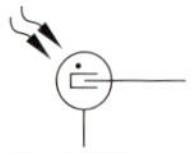
Leiterverbindung/Verzweigung	
Schalter: – offen – geschlossen	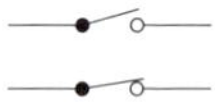
Taster	
Messgerät	
Spannungsmessgerät (Voltmeter)	
Stromstärkemessgerät (Amperemeter)	
ohmscher Widerstand	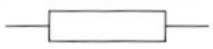
Veränderbarer Widerstand	
Widerstand mit Schleifkontakt	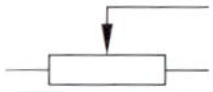
temperaturabhängiger Widerstand (Kaltleiter PTC)	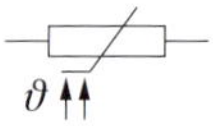

J

Bezeichnung	Symbol
temperaturabhängiger Widerstand (Heißleiter NTC)	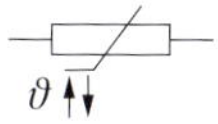
Fotowiderstand	
Sicherung	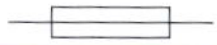
Glühlampe	
Glimmlampe	
Diode	
Leuchtdiode	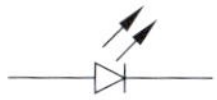
Zener-Diode	
Fotodiode	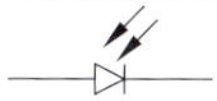
Röhrendiode (mit direkter Heizung)	
Röhrentriode (mit direkter Heizung)	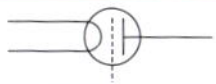
Spule	
Spule mit Weicheisenkern	
Kondensator	
Trafo (allgemein)	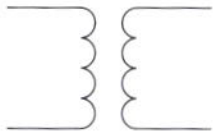
Trafo mit Weicheisenkern	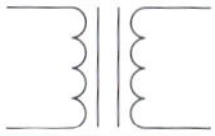
Elektrolyt-Kondensator	
NPN-Transistor	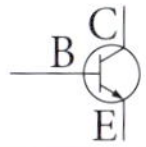
PNP-Transistor	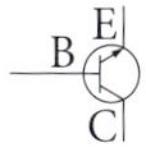
Oszilloskop	
Klingel	
Lautsprecher	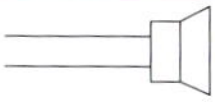
Verstärker	

Tabellenwerte

Dichte ρ

Feste Stoffe (bei 20 °C)	ρ in $\frac{kg}{dm^3}$		
Aluminium	2,702	Silber	10,50
Blei	11,34	Silicium	2,328
Diamant	3,51	Stahl (V2A) / Eisen	7,9
Eis (bei 0 °C)	0,917	Titan	4,51
Gold	19,32	Uran	19,16
Kupfer	8,933	Zink	7,13
Platin	21,45	Zinn	7,29

Flüssige Stoffe (bei 20 °C)	ρ in $\frac{kg}{dm^3}$		
Benzin *	0,78	Spiritus *	0,83
Diesel *	0,87	Wasser	0,998
Ethanol	0,789	Wasser (bei 4 °C)	1,00
Quecksilber	13,546		

Gasförmige Stoffe (bei 20 °C)	ρ in $\frac{kg}{dm^3}$		
Chlor	3,214	Propan	2,0096
Erdgas *	0,60	Sauerstoff	1,429
Helium	0,1785	Stickstoff	1,251
Kohlenstoffdioxid	1,9769	Wasserdampf (bei 100 °C)	0,768
Luft *	1,2923	Wasserstoff	0,0899

* durchschnittlicher Wert

J

Spezifische Wärmekapazität c

Stoffe (bei 20 °C)	c in $\frac{kJ}{kg\,K}$		
Aluminium	0,896	Luft (bei 1013 hPa)	1,005
Blei	0,129	Messing	0,384
Eis (bei 0 °C)	2,1	Platin	0,133
Eisen	0,452	Silber	0,235
Gold	0,129	Wasser	4,182
Kupfer	0,382	Zinn	0,226

Längenänderungskoeffizient α

Feste Stoffe (bei 20 °C)	α in $10^{-6}\,\frac{1}{K}$		
Aluminium	23,1	Gold	14,2
Beton *	12,0	Kupfer	16,5
Eisen / Stahl	12	Silicium	3

Volumenänderungskoeffizient γ

flüssige Stoffe (bei 20 °C)	γ in $10^{-5}\,\frac{1}{K}$		
Benzin *	106	Wasser	20,7
Heizöl *	84		

* durchschnittlicher Wert

Heizwert H

H in $\frac{MJ}{kg}$	(bei Raumtemperatur)		
Benzin	42	Propan	46,4
Braunkohle	16	Stadtgas	16
Hausmüll	10	Spiritus	30
Holz (luftgetrocknet)	15	Steinkohle	30
Holzpellets	18	Wasserstoff	120
Papier	15		

J

Spezifischer Widerstand ρ

Stoff (bei 20 °C)	ρ in $\frac{\Omega\,mm^2}{m}$		
Aluminium	0,027	Kupfer	0,0172
Blei	0,208	Platin	0,107
Eisen	0,10	Silber	0,016
Gold	0,022	Silicium	$1{,}2 \cdot 10^7$
Graphit	8,00	Wolfram	0,055
Kohle (Bürsten)	40	Zink	0,061
Konstantan	0,50	Zinn	0,11

Halbwertszeit T

Isotop	T
Cäsium Cs-137	30,08 a
Cobalt Co-60	5,2711 a
Jod I-131	8,0228 d
Kalium K-40	$1{,}248 \cdot 10^9$ a
Kohlenstoff C-14	5730 a
Phosphor P-32	14,268 d
Plutonium Pu-239	$2{,}411 \cdot 10^4$ a
Polonium Po-210	138,38 d
Radium Ra-226	1600 a
Radon Rn-220	55,6 s
Radon Rn-222	3,825 d
Strontium Sr-90	28,90 a
Stickstoff N-13	9,96 min
Thorium Th-232	$1{,}405 \cdot 10^{10}$ a
Tritium H-3	12,312 a
Uran U-235	$7{,}038 \cdot 10^8$ a
Uran U-238	$4{,}468 \cdot 10^9$ a

Qualitätsfaktor q

Strahlungsart	q
Röntgenstrahlung, β-Strahlung, γ-Strahlung	1
langsame Neutronen	2 … 5
schnelle Neutronen, Protonen	10
α-Strahlung	20

Naturkonstanten

Elementarladung	$e = 1{,}602 \cdot 10^{-19}\ \text{C}$
Lichtgeschwindigkeit im Vakuum	$c_0 = 2{,}998 \cdot 10^{8}\ \frac{\text{m}}{\text{s}}$
Avogadro-Konstante	$N_\text{A} = 6{,}022 \cdot 10^{23}\ \frac{1}{\text{mol}}$
Schallgeschwindigkeit in Luft (bei 20 °C und 1013 hPa)	$v_{Schall} = 343\ \frac{\text{m}}{\text{s}}$

PERIODENSYSTEM DER ATOMSORTEN
(teilchenbezogen)

Periode	Hauptgruppen I.	Hauptgruppen II.	Nebengruppen						
1	−I +I $^{1}_{1}$H 2,2 Wasserstoff								
2	+I $^{7}_{3}$Li 1,0 Lithium	+II $^{9}_{4}$Be 1,6 Beryllium							
3	+I $^{23}_{11}$Na 0,9 Natrium	+II $^{24}_{12}$Mg 1,3 Magnesium							
4	+I $^{39}_{19}$K 0,8 Kalium	+II $^{40}_{20}$Ca 1,0 Calcium	+III $^{45}_{21}$Sc 1,4 Scandium	+II +III +IV $^{48}_{22}$Ti 1,5 Titan	+II +III +IV +V $^{51}_{23}$V 1,6 Vanadium	+II +III +IV +V $^{52}_{24}$Cr 1,7 Chrom	+II +III +IV +VI +VII $^{55}_{25}$Mn 1,6 Mangan	+II +III +IV +V +VI $^{56}_{26}$Fe Eisen	+II +III $^{59}_{27}$Co 1,9 Cobalt
5	+I $^{85}_{37}$Rb 0,8 Rubidium	+II $^{88}_{38}$Sr 1,0 Strontium	+III $^{90}_{39}$Y 1,2 Yttrium	+II +IV $^{90}_{40}$Zr 1,3 Zirconium	+II +V $^{93}_{41}$Nb 1,6 Niob	+II +III +IV +V +VI $^{98}_{42}$Mo 2,2 Molybdän	−III bis +VII $^{98}_{43}$Tc 1,9 Technetium	+II +III +IV +VI +VIII $^{102}_{44}$Ru 2,2 Ruthenium	+I +II +III +IV $^{103}_{45}$Rh 2,3 Rhodium
6	+I $^{133}_{55}$Cs 0,8 Caesium	+II $^{138}_{56}$Ba 0,9 Barium	+III $^{175}_{71}$Lu 1,3 Lutetium	+II +IV $^{180}_{72}$Hf 1,3 Hafnium	+II +V $^{181}_{73}$Ta 1,5 Tantal	+II +III +IV +V +VI $^{184}_{74}$W 2,4 Wolfram	−III bis +VII $^{187}_{75}$Re 1,9 Rhenium	+II +III +IV +VI +VIII $^{192}_{76}$Os 2,2 Osmium	+I +II +III +IV $^{193}_{77}$Ir 2,2 Iridium
7	+I $^{223}_{87}$Fr 0,7 *Francium	+II $^{226}_{88}$Ra 0,9 *Radium	– $^{262}_{103}$Lr – *Lawrencium	– $^{267}_{104}$Rf – *Rutherfordium	– $^{270}_{105}$Db – *Dubnium	– $^{271}_{106}$Sg – *Seaborgium	– $^{272}_{107}$Bh – *Bohrium	– $^{270}_{108}$Hs – *Hassium	– $^{276}_{109}$Mt – *Meitnerium
Lanthanoide			+III $^{139}_{57}$La 1,1 Lanthan	+III +IV $^{140}_{58}$Ce 1,1 Cer	+II +III +IV $^{141}_{59}$Pr 1,1 Praseodym	+III +IV $^{144}_{60}$Nd 1,1 Neodyn	+III $^{147}_{61}$Pm 1,1 *Promethium	+II +III $^{152}_{62}$Sm 1,2 Samarium	+II +III $^{153}_{63}$Eu 1,2 Europium
Actinoide			+III $^{227}_{89}$Ac 1,1 *Actinium	+II +III +IV $^{232}_{90}$Th 1,1 *Thorium	+V $^{231}_{91}$Pa 1,5 *Protactinium	+III +IV +V +VI $^{238}_{92}$U 1,4 *Uran	+III +IV +V +VI +VIII $^{237}_{93}$Np 1,4 *Neptunium	+III +IV +V +VI $^{244}_{94}$Pu 1,3 *Plutonium	+II +III +IV +V +VI $^{243}_{95}$Am 1,3 *Americium

Legende:

−IV bis +IV ← Oxidationszahlen
● ← Atomradius
Nukleonenzahl → 12
Ordnungszahl → 6
C 2,6 ← Elektronegativität
Kohlenstoff ← Name

* = radioaktiv

Als Nukleonenzahl wurde die Anzahl des am häufigsten vorkommenden (langlebigsten) Isotops angegeben.

K

			Hauptgruppen					
			III.	IV.	V.	VI.	VII.	VIII.
								– $^{4}_{2}$He - Helium
			+III $^{11}_{5}$B 2,0 Bor	**–IV** bis **+IV** $^{12}_{6}$C 2,6 Kohlenstoff	–III bis +V **+III** $^{14}_{7}$N 3,0 Stickstoff	**–II** bis +II $^{16}_{8}$O 3,4 Sauerstoff	**–I** $^{19}_{9}$F 4,0 Fluor	– $^{20}_{10}$Ne - Neon
			+I +II **+III** $^{27}_{13}$Al 1,6 Aluminium	–IV **+IV** $^{28}_{14}$Si 1,9 Silicium	–III +III +IV **+V** $^{31}_{15}$P 2,2 Phosphor	–II +II +IV **+VI** $^{32}_{16}$S 2,6 Schwefel	**–I** +I +III +IV +V +VI +VII $^{35}_{17}$Cl 3,2 Chlor	– $^{40}_{18}$Ar - Argon
+I **+II** +III +IV $^{58}_{28}$Ni 1,9 Nickel	+I **+II** $^{63}_{29}$Cu 1,9 Kupfer	**+II** $^{64}_{30}$Zn 1,7 Zink	**+III** $^{69}_{31}$Ga 1,8 Gallium	–IV +II **+IV** $^{74}_{32}$Ge 2,0 Germanium	–III **+III** +V $^{75}_{33}$As 2,2 Arsen	–II +II **+IV** +VI $^{80}_{34}$Se 2,6 Selen	**–I** +I +III +V +VII $^{79}_{35}$Br 3,0 Brom	– $^{84}_{36}$Kr - Krypton
+II +IV $^{106}_{46}$Pd 2,2 Palladium	**+I** +II +III $^{107}_{47}$Ag 1,9 Silber	+II $^{114}_{48}$Cd 1,7 Cadmium	+I **+III** $^{115}_{49}$In 1,8 Indium	+II **+IV** $^{120}_{50}$Sn 1,8 Zinn	–III **+III** +V $^{121}_{51}$Sb 2,1 Antimon	–II +II **+IV** +VI $^{130}_{52}$Te 2,1 Tellur	**–I +I +III** **+V +VII** $^{127}_{53}$I 2,7 Iod	– $^{132}_{54}$Xe - Xenon
+II +IV $^{195}_{78}$Pt 2,3 Platin	**+I** +II +III $^{197}_{79}$Au 2,5 Gold	**+II** $^{202}_{80}$Hg 2,0 Quecksilber	**+I** +III $^{205}_{81}$Tl 2,0 Thallium	**+II** +IV $^{208}_{82}$Pb 1,9 Blei	+I **+III** +V $^{209}_{83}$Bi 2,0 Bismut	+II **+IV** +VI $^{209}_{84}$Po 2,0 *Polonium	**–I +I +III** **+V +VII** $^{210}_{85}$At 2,2 *Astat	– $^{222}_{86}$Rn - *Radon
– $^{282}_{110}$Ds - *Darmstadtium	– $^{280}_{111}$Rg - *Roentgenium	– $^{285}_{112}$Cn - *Copernicium	– $^{287}_{113}$Nh - *Nihonium	– $^{285}_{114}$Fl - *Flerovium	– $^{291}_{115}$Mc - *Moscovium	– $^{293}_{116}$Lv - *Livermorium	– $^{292}_{117}$Ts - *Teness	– $^{293}_{118}$Og - *Oganesson

+II **+III** $^{158}_{64}$Gd 1,3 Gadolinium	**+III** +IV $^{159}_{65}$Tb 1,2 Terbium	**+III** $^{164}_{66}$Dy 1,2 Dysprosium	**+III** $^{165}_{67}$Ho 1,2 Holmium	**+III** $^{166}_{68}$Er 1,2 Erbium	+II **+III** +IV $^{169}_{69}$Tm 1,3 Thulium	+II **+III** $^{174}_{70}$Yb 1,1 Ytterbium
+III +IV $^{247}_{96}$Cm 1,3 *Curium	**+III** +IV $^{247}_{97}$Bk 1,3 *Berkelium	**+III** $^{251}_{95}$Cf 1,3 *Californium	+II **+III** $^{252}_{99}$Es 1,3 *Einsteinium	**+II +III** $^{257}_{100}$Fm 1,3 *Fermium	**+II +III** $^{258}_{101}$Md 1,3 *Mendelevium	**+II +III** $^{259}_{102}$No 1,3 *Nobelium

K

PERIODENSYSTEM DER ELEMENTE
(stoffbezogen)

Legende: Elementname (Wasserstoff), Dichte (0,0899 g/dm^3), Schmelztemperatur (−259 °C), Siedetemperatur (−253 °C)

[kein Bild] kein Bild vorhanden (z. B. zu geringe Lebensdauer, zu kleine Mengen)

Periode	Hauptgruppen I.	Hauptgruppen II.	Nebengruppen						
1	**Wasserstoff** 0,0899 g/dm^3 −259 °C −253 °C								
2	**Lithium** 0,534 g/cm^3 181 °C 1342 °C	**Beryllium** 1,848 g/cm^3 1285 °C 2970 °C							
3	**Natrium** 0,968 g/cm^3 98 °C 883 °C	**Magnesium** 1,738 g/cm^3 650 °C 1107 °C							
4	**Kalium** 0,862 g/cm^3 64 °C 774 °C	**Calcium** 1,53 g/cm^3 851 °C 1482 °C	**Scandium** 2,989 g/cm^3 1541 °C 2836 °C	**Titan** 4,51 g/cm^3 1668 °C 3287 °C	**Vanadium** 6,092 g/cm^3 1929 °C 3400 °C	**Chrom** 7,20 g/cm^3 1890 °C 2670 °C	**Mangan** 7,20 g/cm^3 1244 °C 2060 °C	**Eisen** 7,874 g/cm^3 (α) 1539 °C 2880 °C	**Cobalt** 8,90 g/cm^3 1495 °C 3100 °C
5	**Rubidium** 1,522 g/cm^3 39 °C 689 °C	**Strontium** 2,67 g/cm^3 769 °C 1384 °C	**Yttrium** 4,47 g/cm^3 1526 °C 3338 °C	**Zirconium** 6,50 g/cm^3 2125 °C 4577 °C	**Niob** 8,66 g/cm^3 2468 °C 5127 °C	**Molybdän** 10,28 g/cm^3 2620 °C 4685 °C	**Technetium** 11,5 g/cm^3 2172 °C 4877 °C	**Ruthenium** 12,45 g/cm^3 2310 °C 4150 °C	**Rhodium** 12,41 g/cm^3 1966 °C 3730 °C
6	**Caesium** 1,90 g/cm^3 29 °C 705 °C	**Barium** 3,5 g/cm^3 725 °C 1640 °C	**Lutetium** 9,842 g/cm^3 1652 °C 3327 °C	**Hafnium** 13,31 g/cm^3 2227 °C 4602 °C	**Tantal** 16,6 g/cm^3 3020 °C 5534 °C	**Wolfram** 19,25 g/cm^3 3415 °C 5936 °C	**Rhenium** 21,03 g/cm^3 3186 °C 5900 °C	**Osmium** 22,59 g/cm^3 3045 °C 5500 °C	**Iridium** 22,56 g/cm^3 2443 °C 4527 °C
7	**Francium** 1,87 g/cm^3 20 °C 660 °C	**Radium** 5,5 g/cm^3 700 °C 1140 °C	**Lawrencium** 9,84 g/cm^3 1627 °C –	**Rutherfordium** 18,1 g/cm^3 – –	**Dubnium** ~39 g/cm^3 – –	**Seaborgium** ~35 g/cm^3 – –	**Bohrium** ~37 g/cm^3 – –	**Hassium** ~41 g/cm^3 – –	**Meitnerium** ~35 g/cm^3 – –

Lanthanoide	**Lanthan** 6,145 g/cm^3 920 °C 3469 °C	**Cer** 6,78 g/cm^3 795 °C 3468 °C	**Praseodym** 6,77 g/cm^3 931 °C 3250 °C	**Neodym** 7,004 g/cm^3 1024 °C 3027 °C	**Promethium** 7,22 g/cm^3 1042 °C ~3000 °C	**Samarium** 7,536 g/cm^3 1074 °C 1804 °C	**Europium** 5,26 g/cm^3 826 °C 1439 °C
Actinoide	**Actinium** 10,07 g/cm^3 ~1100 °C ~3000 °C	**Thorium** 11,724 g/cm^3 1842 °C 4820 °C	**Protactinium** 15,37 g/cm3 1597 °C 4027 °C	**Uran** 19,16 g/cm^3 1132 °C 3930 °C	**Neptunium** 20,45 g/cm^3 637 °C 3902 °C	**Plutonium** 19,814 g/cm^3 640 °C 3232 °C	**Americium** 13,67 g/cm^3 1173 °C 2607 °C

K

- Nichtmetalle
- Metalle
- Halbmetalle
- Edelgase

			Hauptgruppen III.	IV.	V.	VI.	VII.	VIII.
								Helium 0,1785 g/dm³ -271 °C -269 °C
			Bor 2,34 g/cm³ 2300 °C 2550 °C	**Kohlenstoff** 3,51 g/cm³ (Diamant) 3547 °C 4826 °C	**Stickstoff** 1,251 g/dm³ -210 °C -196 °C	**Sauerstoff** 1,429 g/dm³ (O_2) -219 °C -183 °C	**Fluor** 1,696 g/dm³ -220 °C -188 °C	**Neon** 0,900 g/dm³ -249 °C -246 °C
			Aluminium 2,702 g/cm³ 660 °C 2467 °C	**Silicium** 2,328 g/cm³ 1414 °C 2477 °C	**Phosphor** 1,83 g/cm³ (weiß) 44 °C 281 °C	**Schwefel** 2,07 g/cm³ (α) 113 °C 445 °C	**Chlor** 3,214 g/dm³ -101 °C -34 °C	**Argon** 1,664 g/dm³ -189 °C -186 °C
Nickel 8,908 g/cm³ 1453 °C 2732 °C	**Kupfer** 8,933 g/cm³ 1083 °C 2595 °C	**Zink** 7,13 g/cm³ 419 °C 907 °C	**Gallium** 5,904 g/cm³ 30 °C 2403 °C	**Germanium** 5,323 g/cm³ 937 °C 2830 °C	**Arsen** 5,72 g/cm³ (grau) 613 °C (sublimiert)	**Selen** 4,48 g/cm³ (rot) 217 °C 685 °C	**Brom** 3,12 g/cm³ -7 °C 59 °C	**Krypton** 3,733 g/dm³ -157 °C -153 °C
Palladium 12,02 g/cm³ 1554 °C 3125 °C	**Silber** 10,50 g/cm³ 962 °C 2187 °C	**Cadmium** 8,65 g/cm³ 321 °C 767 °C	**Indium** 7,31 g/cm³ 157 °C 2080 °C	**Zinn** 7,29 g/cm³ (β) 232 °C 2625 °C	**Antimon** 6,688 g/cm³ 631 °C 1753 °C	**Tellur** 6,25 g/cm³ 449 °C 1390 °C	**Iod** 4,93 g/cm³ 114 °C 185 °C	**Xenon** 5,52 g/dm³ -112 °C -108 °C
Platin 21,45 g/cm³ 1769 °C 3830 °C	**Gold** 19,32 g/cm³ 1064 °C 3080 °C	**Quecksilber** 13,546 g/cm³ -39 °C 357 °C	**Thallium** 11,85 g/cm³ 304 °C 1457 °C	**Blei** 11,34 g/cm³ 328 °C 1744 °C	**Bismut** 9,79 g/cm³ 271 °C 1560 °C	**Polonium** 9,196 g/cm³ 254 °C 962 °C	**Astat** 8,75 g/cm³ 302 °C 337 °C	**Radon** 9,73 g/dm³ -71 °C -62 °C
Darmstadtium 21,46 g/cm³ - -	**Roentgenium** 19,282 g/cm³ - -	**Copernicium** 13,534 g/cm³ - -	**Nihonium** 11,85 g/cm³ - -	**Flerovium** 11,342 g/cm³ - -	**Moscovium** 9,807 g/cm³ - -	**Livermorium** 9,32 g/cm³ - -	**Tenness** - - -	**Oganesson** - - 23 °C

Gadolinium 7,895 g/cm³ 1312 °C 3273 °C	**Terbium** 8,219 g/cm³ 1356 °C 3230 °C	**Dysprosium** 8,559 g/cm³ 1407 °C 2600 °C	**Holmium** 8,795 g/cm³ 1474 °C 2700 °C	**Erbium** 9,062 g/cm³ 1497 °C 2900 °C	**Thulium** 9,321 g/cm³ 1545 °C 1725 °C	**Ytterbium** 6,966 g/cm³ 824 °C 1196 °C
Curium 13,51 g/cm³ 1340 °C 3110 °C	**Berkelium** 14,8 g/cm³ 986 °C -	**Californium** 15,1 g/cm³ 900 °C -	**Einsteinium** ~13,5 g/cm³ 860 °C 996 °C	**Fermium** ~13,6 g/cm³ - -	**Mendelevium** - - -	**Nobelium** - - -

Mathematik

Physik

Redaktion: Helfried Menchén

Umschlaggestaltung: Corinna Babylon, Berlin

Technische Zeichnungen und Satz: CMS – Cross Media Solutions GmbH

Bildnachweis: Heinrich Pniok, S. 36/37

www.cornelsen.de

1. Auflage, 1. Druck 2021

Druck: H. Heenemann, Berlin

ISBN 978-3-464-52331-5

PEFC
PEFC/04-31-1156

PEFC zertifiziert
Dieses Produkt stammt aus nachhaltig bewirtschafteten Wäldern und kontrollierten Quellen.

www.pefc.de